ÜBER DIE

SPONTANE GANGRÆN

UND INFARCTE.

INAUGURAL-DISSERTATION

der medicinischen Facultät

der

KAISER-WILHELMS-UNIVERSITÄT STRASSBURG

zur Erlangung der Doctorwürde

vorgelegt von

A. MOUNSTEIN

aus Russland.

MIT EINER TAFEL.

STRASSBURG

Verlag von KARL J. TRÜBNER.

1884.

Gedruckt mit Genehmigung der medicinischen Facultät der Universität Strassburg.

Referent: **Prof. Dr. v. Recklinghausen.**

An dieser Stelle sei es mir gestattet, meinem hochverehrten Lehrer, Herrn Professor von Recklinghausen für die gütige Ueberlassung dieses Themas, sowie des hierzu nöthigen Materials, meinen wärmsten Dank auszusprechen.

Allgemeines und Geschichtliches.

Unter dem Namen „Spontane Gangræn" fasst man jene seltene Form von Brand auf, welche weder auf traumatischem Wege entstanden ist, noch durch den Einfluss excessiver Temperatur, noch durch die schädliche Einwirkung von Infectionsstoffen oder Organismen hervorgerufen wird, noch auch das Resultat der Aufnahme gewisser vegetabilischer oder animalischer Gifte ist. Dem Wesen nach unterscheidet sich dieser spontane Brand nicht von den sonstigen entzündlichen und nicht entzündlichen Formen der Gangræn. Immer ist ein Theil des lebendigen Organismus abgestorben und steht mit demselben eine Zeit lang noch in Verbindung.

Inzwischen geht die Veränderung des todten Gewebes je nach den Umständen in zweierlei Weise vor sich: In einem Falle zerfällt es und fault in derselben Weise wie ein dem Einflusse der atmosphärischen Luft ausgesetzter Cadaver, die Farbe wird schmutzig graugrün, das zerfallende Gewebe verbreitet denselben Geruch, wie der Maceration unterworfene thierische Körpertheile. Die feuchte Gangræn ist durch einen specifischen faden Geruch ausgezeichnet. Je nach ihrer anatomischen Beschaffenheit bieten die von feuchter Gangræn befallenen Gewebstheile eine verschiedene Widerstandsfähigkeit dar. Die protoplasmareichen Gewebe, z. B. Blut und Muskelgewebe, gehen am schnellsten unter, während die elastischen Fasern, Nerven und Knochen später der Zerstörung unterliegen.

Im andern Falle verläuft die gangrænöse Veränderung fast ganz geruchlos und besteht in einer Eintrocknung und Schrumpfung des Gewebes ohne Fäulniss. Das auf diese Weise veränderte Gewebe und der feste Rückstand des durchtränkenden Blutes verleihen dem abgestorbenen Theile eine dunkelbraune Farbe, ein fast kohliges an Mumien erinnerndes Aussehen, von welchem die höchst passende Bezeichnung „Mumification" herrührt. Von dieser scheinbaren Verkohlung rührt auch der von Alters her gebräuchliche Name „Brand" (Feu St. Antoine) her. (Gangræna sicca nach Quesnay, 1749.)

Die älteste Beschreibung der Gangræn finden wir bei Hippokrates, welcher uns folgenden Fall überliefert: „Kriton aus Thasos fühlte einen lebhaften Schmerz im Fusse an der grossen Zehe sowohl beim Stehen, als auch wenn er unbeschäftigt war. Er legte sich noch an demselben Tag zu Bett, hatte einen leichten Frost, Uebelkeiten, darauf ein wenig Hitze; in der Nacht delirirte er. Am andern Tage schwoll der ganze Fuss und besonders der Knöchel an, welcher ein wenig roth und prall anzufühlen war. Kleine schwarze Blasen, heftiges Fieber. Der Kranke starb am anderen Tage nach dem Auftreten der Krankheit."

Im Alterthume und Mittelalter finden wir das Auftreten des Brandes häufig verzeichnet als Begleiterscheinung von Krankheiten „schlechter Art" (Hippokrates) oder als Folgeerkrankung verwüstender Seuchen und Epidemien, wie Scorbut, Pest und Typhus.

Die im 10ten Jahrhundert in Europa wüthenden Epidemien zeichneten sich durch häufige Complication mit Gangræn aus und gerade dieses Hinzutreten mehrte die Zahl der Opfer.

Noel hat als der erste im Jahre 1709 dargethan, dass Gangræn in Folge einer Vergiftung mit Mutterkorn endemisch entstehen kann — „Mutterkornbrand, Ergotismus". Schon im Alterthume ist die Gangræn als eine endemisch vorkommende Krankheit bekannt gewesen.

Diese heutzutage seltene Brandform ist im vorigen Jahrhundert von mehreren Autoren beschrieben worden (1770 Vétillard, Paulet, Willand, de Jussieu, Teissier 1776, und Andere).

Die Gangræn an der Wange ist im 16ten Jahrhundert von Fabricius Hildanus dreimal beobachtet worden.

Van der Voord gebrauchte zuerst für diese Wangenaffection den Namen „Water Kanker", er beschreibt die zerstörende Wirkung dieser Affection und erklärt sie für ganz verschieden von dem gewöhnlichen Krebs. Der Name „Ulcus noma" stammt auch von einem Holländer Namens van Lil. Diese Form der Gangræn kam im Norden Europa's, in Holland, England und Schweden in Gefolge von Scorbut epidemisch vor; in Frankreich wurde der Wasserkrebs erst am Anfang dieses Jahrhunderts durch eine Abhandlung von Baron, welcher auf das specielle Befallensein des kindlichen Alters hinwies, bekannt.

Die Gangræn der Haut nach Typhus, Cholera und Pest war bekannt und wurde von dem durch Mutterkorn hervorgerufenen Brande unterschieden.

Fabricius Hildanus erwähnt zwei Fälle von Gangræn in Folge von Pest (1593) und D. Fournier bezeichnet den Brand als Complication dieser Seuche (1670).

Im Jahre 1703 wurde der Pariser Academie der Wissenschaften ein Mädchen vorgestellt, welches an langdauerndem Fieber gelitten hatte und dessen beide Arme mumificirt waren.

1749 stellte Quesnay die Eintheilung in trockenen und feuchten Brand auf.

1779 behaupteten Pott und Jeanroy, dass die Gangræn der Extremitäten viel öfter bei reichen Individuen vorkäme und eine Folge von übermässiger Zufuhr von Nahrungsstoffen sei. Man dachte, dass das Blut unter solchen Umständen gerinnungsfähiger werde.

Van Swieten und Morgagni bringen die Gangræn in Zusammenhang mit der Verkalkung und Verknöcherung der Arterienwand.

Im Jahre 1811 wurde von Latham das Auftreten der Gangræn im Diabetes beschrieben.

Hildebrand verzeichnet das Hinzutreten der Gangræn zum Typhus, den Brand an der Nasenspitze betrachtet er als Folge der Fieberkrankheit.

1818 beschreibt Isnard nach Baron den Wasserkrebs.

1817 und 1819 wurde die Gangræn von Hébréard und Avisard studirt, der letztere lenkte seine Aufmerksamkeit auf die Blutgerinnung in den grossen Arterien mitsammt der Verknöcherung ihrer Wandung, welche er als Ursache des Zustandekommens der Gangræn bei alten Leuten betrachtete.

1828 beobachtete Alibert eine Verstopfung der Arterien des linken Oberarmes mit Pfröpfen bei gleichzeitigem Vorhandensein von Thromben im linken Herzohr.

1827 wurde von Duncan auf den Zusammenhang von Gangræn und Diabetes hingewiesen und in demselben Jahre das Vorkommen derselben beim gelben Fieber von Keraudren beobachtet; fünf Jahre darauf beschrieb letzterer auch die Coincidenz von Gangræn und Typhus.

Zur selben Zeit erschien eine Arbeit von Courhaut, in welcher mehrere Fälle von Mutterkornbrand, die auch secirt wurden, beschrieben werden. Der Autor constatirte eine starke Verengung der Arterien fast bis zur Aufhebung des Lumens.

Mit der ebenfalls im Jahre 1827 publicirten These von Legroux (Concrétions sanguines polypiformes développées pendant la vie) beginnen die zahlreichen Arbeiten über die Thrombose als ursachliches Moment der Gangræn, bis endlich durch die zahlreichen Beobachtungen von Virchow auch die Embolie der Arterienzweige als causales Moment sicher gestellt wurde.

Alibert suchte die Ursache der Gangræn in einer krankhaften Veränderung des Blutes, „Inopexie", während Delpech glaubte, die Ursache sei hauptsächlich in den Capillaren gelegen: „C'est dans les artères principales que cette altération (Arterisclerose) se rencontre; les gros troncs d'artère n'ont qu'un rôle passif et mécanique à remplir dans l'acte de circulation, on n'a point observé que le système capillaire soit sujet à l'ossification, et c'est sur lui qu'elle pourrait être le plus nuisible."

1828 beschrieb Dr. Adolf Leopold Richter den Wasserkrebs der Kinder.

Die Gangræn der Lunge wurde zuerst von Lænnec klinisch erkannt und beschrieben. Derselbe meint, dass bei der Lungengangræn der Charakter einer Entzündung sehr wenig angedeutet sei: „La gangrène du poumon semble même, le plus souvent, se rapprocher de la nature des affections essentiellement gangréneuses, telles que l'anthrax, la pustule maligne, le charbon pestilentiel, etc." Der Autor vermuthet, dass die circumscripte Entzündung um die gangrænöse Stelle eher als eine Folge, wie als eine Ursache der Gangræn anzusehen sei, im Gegensatz zu der früher allgemein herrschenden und auch von vielen seiner Zeitgenossen getheilten Anschauung, dass die Gangræn die Folge von einer von Anfang an zur Aufhebung der Lebenserscheinungen tendirenden Entzündung sei.

1832 veröffentlichte Victor François ein Memoire,

in welchem zahlreiche Beobachtungen und Sectionsbefunde bei Fällen von Gangræn enthalten sind. François glaubt, dass die Entstehung der Gangræn in zwei Momenten hauptsächlich ihre Ursache habe, entweder in circulatorischen oder in nervösen Störungen, in letzteren jedoch nur insofern, als das Nervensystem einen Einfluss auf das Gefässystem ausübt. Dass der nervöse Einfluss allein ohne Gefässalteration im Stande sei, Mortification hervorzurufen, stellt er in Abrede. Die circulatorischen Störungen theilt er ein in krankhafte Veränderungen an den Wandungen der grossen Gefässe, Krankheiten des Herzens, Krankheiten des Capillarsystemes und Blutveränderung.

Bouillaud beobachtete Gangræn an der Schleimhaut des Digestionstractus bei der Cholera, Gendrin constatirte, dass sie bei dieser Krankheit auch an der Zunge, Nase und Haut sich localisire.

1836 betont Guislain die Häufigkeit des Vorkommens von Gangræn bei Dementia paralytica und anderen Geisteskrankheiten und glaubt die Ursache entweder in dem allgemeinen Schwächezustande, in den Kranke solcher Art verfallen, oder in einer Depression des Nervensystems suchen zu müssen.

Foville beobachtete, dass die Lungengangræn am häufigsten nach Decubitus entsteht, eine Thatsache, welche später auf einen embolischen Vorgang zurückgeführt wurde.

Godin hebt die Betheiligung der Venen bei der Genese der Gangræn hervor, auf welche die feuchte Form der Gangræn und das Oedem, welches eine häufige Theilerscheinung derselben bildet, hinweisen.

1838 gibt Hardy in seiner These die Geschichte der Blutgerinnungen im Herzen und in den grossen Gefässen während des Lebens.

Cruveilhier erklärt die senile Gangræn ausschliesslich durch eine Wandentzündung der kleinen Arterien und Capillaren, und betrachtete die Arteriitis als das primäre, die Verstopfung als das secundäre. Verkalkung und Verknöcherung, welche die grossen Gefässe betreffen, führen nach ihm keine Symptome herbei; was die Ossification und Petrification betrifft, so ist er der Ansicht, dass die Mortification erst dann stattfindet, wenn in Folge dessen der Blutstrom unterbrochen ist. Er dehnte seine Beobachtungen auch auf Fälle von Gangræn aus, die er auf experimentellem Wege durch Injectionen von irritirenden Flüssigkeiten, wie Tinte, Alcohol und Quecksilber erzeugte. Er brachte so eine starke Entzündung hervor, welche schon nach 24 bis 48 Stunden die Gangræn der betreffenden Extremitäten zur Folge hatte. Für jene Art des Todes, bei welcher keine Fäulniss Platz greift, wählte er den Namen „Cadaverisation", weil er die Bezeichnung Gangræn in diesem Falle für unpassend hielt.

Dupuytren meinte, dass die Ursache der Gangræn in einer Entzündung der Arterienwand, welche zur Aufhebung der Circulation im entzündlichen Bezirke führt, zu suchen sei.

Briquet beschrieb 1841 einen Fall von Lungenbrand in Folge von einer Mortification der äussersten dilatirten Bronchialzweige.

Barthez und Rilliet beschrieben 1843 in dem Werke über Kinderkrankheiten verschiedene Gangrænformen in Folge von Allgemeinkrankheiten oder von acuten Exanthemen wie Scharlach, Masern, Pocken.

Virchow publicirte 1847 einen Fall von Gangræn am Gehirn im Anschluss an Lungengangræn. 1852 erschien unter dem Namen „Brandmetastase von der Lunge auf das Gehirn" die Beschreibung eines zweiten ähnlichen Falles von demselben Autor. Zu dieser Zeit entstand die Lehre von Metastasen auf embolischem Wege. Virchow glaubt, dass Herzschwäche allein ohne Veränderung der Gefässe, selbst ohne Cachexie, genüge, um bei Individuen im hohen Alter Gangræn hervorzurufen.

1852 hat Hodgkin 4 Fälle von Gangræn bei Diabetes in der Harveian society in London mitgetheilt und eine besondere Gruppe von Brand auf diabetischer Basis unterschieden.

1853 beschrieb Marchal de Calvi einen Fall von Extremitätenbrand bei Diabetes, welcher schon zu einer Zeit auftrat, wo noch kein Marasmus zu constatiren war.

1862 stellte Maurice Raynaud auf Grund einer Zusammenstellung von einigen, theils von ihm selbst, theils von Anderen beobachteten Fällen eine besondere, neue Gangrænform auf, unter dem Namen „Symmetrische Gangræn", — „Locale Asphyxie". Charakteristisch für diese Art des Brandes ist das regelmässige, fast symmetrische Auftreten an correspondirenden Körpertheilen. Die Ursache dieser Gangræn ist in dem Einflusse des cerebrospinalen Nervensystems auf die Gefässe zu suchen (Gefässkrampf).

1869 beschrieb Graber die Gangræn der Extremitäten nach Typhus.

1870 veröffentlichte Estländer seine Beobachtungen über das Vorkommen von Brand bei Flecktyphus während der Epidemie in Finnland.

Samuel hob hervor, dass es eine Gangrænform trophoneurotischen Ursprungs gebe, er rechnete hierher die Fälle von schnell auftretendem Decubitus bei Leiden des Gehirns oder Rückenmarks (Decubitus acutus). Charcot ist derselben Ansicht und erklärt diese Erscheinung durch das Auftreten von trophischen Störungen gewisser Nervencentra.

Die Gangræn nach Sumpffieber ist von Fischer, Grasset, Moty und Andern, in der letzten Zeit von Petit und Verneuil beobachtet worden.

In der neuesten Zeit ist von v. Recklinghausen über einen Fall von spontaner Gangræn berichtet worden, welche auf einer hyalinen Thrombose der kleinen Arterien und Capillaran beruhte.

Die Genese des Brandes.

Die Ursachen des Brandes lassen sich eintheilen in indirekte, allgemeine, prädisponirende und locale direkte. Letztere rufen immer nur dann Gangræn hervor, wenn sie einen dyskrasischen oder durch gewisse Erkrankungen, wie z. B. Scharlach, Masern, Pocken, Erysipel, Typhus, Cholera, gelbes Fieber, Intermittens, Diabetes, Krebscachexie, seniler Marasmus resp. senile Endoarteriitis und Störungen im Nervensystem verschiedener Art, vorbereiteten Organismus antreffen.

Das wesentliche und unmittelbar wirkende Moment bei jeder Gangræn ist die ungenügende Zufuhr von Blut oder die vollkommene Aufhebung der Circulation an einem Gliede, Organe oder Organtheile.

Die die Gangræn herbeiführende Ursache hat man, wie seit den dreissiger Jahren anerkannt ist, vorzüglich in Veränderungen dreier Gewebe zu suchen: des Gefässsystems, des Nervensystems und des Blutes, selbstverständlich können sich die Veränderungen dieser Theile combiniren und compliciren.

Die gewöhnlichste Veranlassung des Brandes ist der Verschluss eines arteriellen Gefässes, sei es durch einen an Ort und Stelle gebildeten Pfropf oder durch einen vom Herzen herrührenden Embolus. Besonders durch Virchow's Untersuchungen ist es allgemein bekannt geworden, dass die Verschleppung von abgerissenen Gerinnseln, die im Herzen ihren Ursprung hatten, sehr oft die Entstehung von Gangræn und Infarcten, oder von beiden gleichzeitig zur Folge hat. Die durch Phlebitis oder sonstige Ursachen hervorgerufenen Thrombosirungen vieler, selbst sämmtlicher (sehr selten) das Blut von einer Extremität zurückführender Hauptvenenstämme, können zwar eine vorübergehende Cyanose und temporäres Oedem herbeiführen, welche aber durch den rasch sich herstellenden

Collateralkreislauf wieder ausgeglichen werden, Gangræn kommt jedenfalls dabei nicht zu Stande, obwohl eine Zeitlang die Theorie von einer durch Venenobturation erzeugten Gangræn gegolten hat, welche aber nicht thatsächlich bestätigt worden ist.

Eine grosse Rolle bei der Genese der Gangræn spielen die kleinen Arterien und Capillaren; wenn in ihnen sich Thromben bilden oder Emboli stecken bleiben, so verfehlt der Effect nicht einzutreten. Da die Grösse des Lumens der einzelnen Gefässchen für sich zu unbedeutend ist, so kommt hier hauptsächlich die Zahl der verstopften Gefässe und die Aufhebung des collateralen Kreislaufs in Betracht.

Von Einfluss dürfte auch die Beschaffenheit des verstopfenden Materials sein, je nachdem es Blutgerinnsel, Eiter, Tumormassen oder Micrococcen sind (Erysipel).

Als wichtiger ætiologischer Factor ist auch die Herabsetzung der Herzthätigkeit in Folge von fettiger Degeneration des Herzmuskels oder sonstiger Herzerkrankung zu erwähnen.

Auch Störungen des vasomotorischen und trophischen Nervensystems können Gangræn hervorrufen.

Oft tritt bei Leiden, wo die psychischen Functionen zeitweise oder dauernd gestört sind, die Gangræn auf. Es entsteht in kurzer Zeit der sogenannte „Decubitus acutus“, selbst an solchen Stellen, die dem Drucke nicht ausgesetzt sind, weshalb man berechtigt ist, diese Art des Brandes als den Effect von centralen, wahrscheinlich neuropathischen Veränderungen anzusehen. Ob eine Nervenerkrankung an und für sich genügt, um die Gangræn eines Gliedes beim Menschen zu erzeugen, ist noch nicht ganz sicher festgestellt. Nur so viel ist durch Experimente an Thieren nachgewiesen worden, dass die Durchschneidung sämmtlicher Nerven an einer Extremität Gangræn noch nicht zur Folge hat.

Die bei Herpes Zoster zuweilen auftretende Gangrænescenz der afficirten Hautpartien ist offenbar nervösen Ursprungs, da die Krankheit bekanntlich mit anatomischen Veränderungen der correspondirenden Nerven Hand in Hand geht.

Die von Maurice Raynaud aufgestellte „Symmetrische Gangræn" beruht auf einer Functionsstörung der vasomotorischen Nerven. Er behauptet, es bilde sich eine krampfhafte Verengerung an den Gefässen, welche, wenn auch nur vorübergehend, zu einem Blutstillstand und einer Blutleere an den besonders zu Gangræn disponirten, äusserst gelegenen spitzen Stellen des Körpers, z. B. Nase, Ohren, Wangen, Finger, Zehen, führt. Die anatomische Natur der hier wirkenden Functionsstörung ist noch nicht ergründet, indess scheint die Symmetrie, sowie auch das Vorkommen gerade dieser Brandform bei nervösen Individuen, z. B. hysterischen, epileptischen, auf eine central gelegene Ursache hinzudeuten.

Die krankhafte Veränderung des Blutes, welche als Ursache der Gangræn aufgestellt wird, ist nicht von greifbarer anatomischer Natur. Man denkt sich, dass das Blut bei langdauernden fieberhaften Krankheiten und Cachexien, sowie bei allgemeinem Marasmus gerinnbarer geworden sei.

Tripier erklärt die Gerinnung in den kleinen Arterienstämmchen durch das abnorme Vorhandensein zahlreicher Körnchen im Blute. Ich habe in vielen Fällen, wo das Blut im Cadaver noch flüssig war, wo wenig oder gar keine postmortale Gerinnsel im Herzen waren, das Blut untersucht (plötzlicher Tod, z. B. bei Lungenembolie, Hæmorrhagie im Pons; Kohlenoxydvergiftung, Typhus, Leukæmie und andere Fälle) und grade in diesen Fällen auffallend viele Körnchen, welche offenbar als Trümmer von weissen Blutkörperchen anzusehen sind, gefunden — und doch keine Gerinnung. Es scheint mir dies nicht für die Theorie von Tripier zu sprechen.

Die Annahme, dass eine krankhafte Veränderung des Blutes der Gangræn ætiologisch zu Grunde liegt, ist nur eine Hypothese, sicher kann man eine wesentliche chemische Veränderung desselben nur beim Diabetes nachweisen, wobei wahrscheinlich neben der Glycæmie auch die Wasserentziehung der Gewebe in Betracht kommt.

Der Mutterkornbrand ist nicht als eine Folge von Blutveränderung anzusehen, weil das Ergotin einen direkten verengerenden Einfluss auf die Gefässmuskulatur ausübt, wodurch sich Thrombose bildet.

In dem Falle von Kobert, wo durch Darreichung von Mutterkorn in den Kämmen und der Zungenspitze eines Hahnes Necrose hervorgerufen worden war, ist es v. Recklinghausen gelungen, in den Arterienstämmchen der Kamm- und Zungenspitzen hyaline Thrombosen nachzuweisen. von Recklinghausen hat zuerst auf die hyaline Thrombose der kleinen Arterien und Capillaren als causales Moment der Gangræn hingewiesen. Er hält diese Thrombosen für autochthon, da sie aus hyalinem Material gebildet und immens multipel sind, da sie ferner als Abgüsse der Arterien im Zustand der Verengerung entstanden, die wieder erweiterten Gefässtämmchen unvollständig ausfüllen.

Ueber diese verschiedenen Entstehungsarten der spontanen Gangræn können auch die folgenden von mir im hiesigen pathologischen Institute untersuchten Fälle einigen Aufschluss geben, so dass ihre besondere Mittheilung und Besprechung wohl berechtigt erscheinen kann.

I. Fall von spontaner Gangræn des rechten Unterschenkels.

B., 51 jähriger Mann. — Beginn der Erkrankung vor zwei Monaten. Am 4. Juni wurde die Amputation des betreffenden Unterschenkels am oberen Drittel gemacht. Eine Woche darauf erfolgte der Tod des Patienten bei hohem Fieber.

Während des Lebens ist das Ergebniss der Urinuntersuchung auf Eiweiss und Zucker stets negativ gewesen.

Die rechte untere Extremität hatte folgendes Aussehen: Die erste, zweite und fünfte Zehe fehlen, die dritte und vierte Zehe sind isolirt; das Phalango-metatarsalgelenk ist locker und besteht aus fetzigen, grau gefärbten Massen. Der Hautdefect erstreckt sich rings um alle Zehen herum, in einer Entfernung von 2 cm, die Hautränder sind etwas verdickt und livid geröthet; um die Ferse und an der innern Seite des Fussrandes findet sich ebenfalls eine Partie abgestorbenen Gewebes. Am Fussrücken mehrere Löcher in der Haut, der Geruch ist fœtid und fad. Der ganze Unterschenkel ist reichlich mit œdematöser Flüssigkeit durchtränkt. Das intermuskuläre Bindegewebe am Amputationsstumpf ist eitrig infiltrirt.

Die Arteria Tibialis postica zeigt mehrfache verkalkte, verknöcherte Stellen, jedoch keine hierdurch entstandene Thrombose, an der Uebergangsstelle der Tibialis postica in die Peronea befindet sich eine 1 cm lange, alte, theilweise verkalkte Thrombose, alle sonstigen Arterien und Venen sind unverändert und ohne Inhalt.

Der Nervus Tibialis posticus ist in seinem unteren Abschnitt bis auf das doppelte seines oberen Umfanges verdickt, auffallend ist die starke Durchsichtigkeit in Folge des Schwundes von Myelin, dieselbe beobachtet man auch am Nervus Peroneus superior.

Nachdem die sämmtlichen Gefässe der rechten Extremität sorgfältig untersucht waren, namentlichen die kleineren Arterien und Capillaren, fand sich nichts abnormes darin, nur in den Hauträndern, die die grossen Defecte begrenzten und im Zustande der reactiven Entzündung sich befanden, waren mikroskopisch spärliche hyaline Thromben in den capillaren Gefässen der gewucherten Papillen zu sehen. Dagegen zeigten die Nerven eine grossartige Veränderung. — Sämmtliche Nerven der betroffenen Extremitäten wurden in nahen Distanzen von einander, in der Richtung von unten nach oben, bis in's Rückenmark hinein mikroskopisch untersucht und die Rückenmarkswurzeln beiderseits verglichen. Man constatirte folgendes: Schwund des Myelins und infolge dessen Zusammenfallen der Schwann'schen Scheiden, Vermehrung des Bindegewebes, offenbar nicht nur durch das Zusammenfallen der Schwann'schen Scheiden allein, sondern auch durch eine chronische entzündliche Wucherung des interstitiellen Gewebes, vorzugsweise an den unteren näher der Gangræn liegenden Stellen; nach oben zu nahm die Bindegewebswucherung successive mehr und mehr ab, dagegen trat die Zerklüftung des Myelins in einzelne, in Häufelchen gelagerte Kügelchen, welche in den unteren Partien mehr vereinzelt in einigen Nervenfasern vorkamen, bedeutend mehr in Vordergrund; Körnchenkugeln waren hier spärlich; ferner traf man in den mehr nach oben gelegenen Nerverstämmen, sowie in den sie begleitenden Gefässchen eine starke Vermehrung der Kerne, in den Gefässwandungen war Kern bei Kern zu sehen bei den Nerven fand man in jedem Ranvier'schen Glied oft blos 2-4, 8 bis ganze Haufen.

Die Nerven der linken gesunden Extremität wurden, so viele mir zu Gebote standen (Ichiadicus, Cruralis und einige Muskeläste), des Vergleiches halber ebenfalls untersucht, es waren dieselben Veränderungen, wie an den correspondirenden Theilen der rechten Extremität zu constatiren, nämlich Zerklüftung des Myelins an vereinzelten Fasern und etwas Kernwucherung.

Von den Nervenwurzeln des Lendentheils des Rückenmarks waren nur die der rechten Seite von Neuritis betroffen.

Das Rückenmark selbst zeigte nirgends eine Veränderung

Die Untersuchung der Muskeln ergab ein negatives Resultat, von Schwund oder Querstreifung war nichts zu sehen, fettige Degeneration ebenfalls nicht in hohem Grade vorhanden.

Am Herzen waren keine endocarditischen Veränderungen, keine Thromben, zwischen den Trabekeln zahlreiche speckhäutige Gerinnsel, etwas fettige Zeichnung am Myocardium.

Milz cyanotisch, vergrössert, stark pigmentirt.

Nieren gross, Fett an der Kapsel reichlich entwickelt, fettige Degeneration der Rinde.

Am Gehirn und Rückenmark starke Anæmie und etwas Zunahme der Consistenz, starke Trübung der Pia. An der Dura mater spinalis knorpelartige Auflagerungen; Arachnoidea spinalis ebenfalls verdickt.

Wie aus dem obigen Sectionsbefunde zu ersehen ist, sind in diesem Falle anscheinend mehrere Momente gegeben, die hier die Necrose erzeugen konnten. Wenn man aber die klinischen Umstände daneben berücksichtigt und die Resultate der mikroskopischen Untersuchung in Erwägung zieht, so fühlt man sich veranlasst, diesen Fall zu jenen seltenen Fällen der spontanen Gangræn zu rechnen, bei deren Erzeugung eine essentielle Neuritis als das wesentlichste Moment aufzufassen ist.

Die Herzaffection war viel zu unbedeutend, um die Hauptursache abzugeben, um so mehr als Pericardium und Endocardium sowie die Klappen normal waren. Auch das Gefässystem war bis auf die einzige Arteria tibialis postica dextra, die aber keinerlei Verstopfung zeigte, ganz normal. Der 1 cm. lange Thrombus am Anfangstheile der Arteria peronea ist viel zu unbeteudend um in Betracht zu kommen, da erfahrungsgemäss die Verlegung selbst einer Hauptarterie am Unterschenkel nicht ausreicht, um Gangræn am Fuss hervorzurufen.

Die Milzvergrösserung ist auf das hohe Fieber nach der Amputation zurückzuführen (39°,5 - 41°), die Anämie eine Folge des grossen Blutverlustes bei der Amputation.

Das Fett in der Niere ist auf eine acute parenchymatose Entzündung zu beziehen. Stellt man dem gegenüber die hochgradige rechtsseitige chronische und acute, von der Peripherie nach dem Centrum allmählig abnehmende, aber selbst bis in die Rückenmarksganglien hineinreichende Neuritis, sowie die gleichzeitige, geringere, mehr acute Entzündung an den Nerven der linken unteren Extremität, so kommt man zu folgendem Schlusse: Wenn in diesem Falle die Gangræn auch nicht ausschliesslich auf nervöser Basis beruht, so ist doch die oben beschriebene Neuritis als die direkte und wesentlichste Ursache aufzufassen, während man den anderen nachweisbaren, überaus spärlichen Veränderungen am Circulationsapparat nur einen prädisponirenden accidentellen Einfluss zuerkennen darf.

II. Fall. Spontane Gangræn.

H., 47jähriger Mann aus Artolsheim.

Der Patient ist an Weingenuss gewöhnt, ohne jedoch Excesse zu begehen.

Er bekam im Juli 1882 eine Phlebitis am linken Beine, darauf eine Pneumonie (Embolie?) und eine Thrombose der Vena illiaca dextra mit beträchtlichem Oedem des ganzen Gliedes. Heilung nach drei Monaten.

Im September 1883 Gangræn an der kleinen Zehe des linken Fusses, welche mit einem kleinen blauen Flecke begann, darauf Gangræn der 4ten Zehe, darauf schwarzer Fleck unter der Ferse mit intensiven Schmerzen im Fusse. Weder Zucker noch Eiweiss im Harn.

Im November 1883 ist der ganze Fuss schwarz bis über die Knöchel, wo eine Demarkationslinie sich gebildet hat. Phlebitis venæ saphenæ.

Die Tast- und Schmerzempfindung auf äussere Reize ist im Fusse erloschen. Der necrotische Fuss ist kalt. Kein Fieber.

Am Herzen ist weder Grössenzunahme, noch Lageveränderung nachweisbar; die Herztöne sind rein.

Am 4. Dezember Amputatio cruris am oberen Viertel ohne Esmarch'sche Binde. Die Arterien bluten sehr schwach, aus den Venen fliesst continuirlich schwarzes Blut.

Befund. — Der amputirte Theil stellt sich folgendermassen dar: Die Epidermis ist abgehoben, die Haut schwarz, das subcutane Gewebe intensiv blutig imbibirt, theilweise hyperæmisch. Die Arteria poplitea ist verknöchert. Die Tibialis antica und postica besitzen viele derbe Ringe, welche durch die Petrification der Media hervorgerufen sind. In der ganzen Ausdehnung der beiden zuletzt genannten Gefässe befinden sich ältere, weissröthliche an der Wandung haftende Gerinnsel, welche aus jungem Bindegewebe mit neugebildeten Gefässen bestehen, in welchem an einzelnen Partien rein hyaline Massen eingeschlossen sind. Oberhalb dieser organisirten Gerinnsel befinden sich frischere Thromben. In der Arteria dorsalis pedis ein farbloser autochthoner, organisirter Thrombus von analoger Beschaffenheit, wie die oben genannten autochthonen Thromben. In den Venen frische rothe Thromben von gewöhnlicher Beschaffenheit. Die kleinen Gefässe und Capillaren sind frei von Gerinnungen.

Die Nerven zeigen eine Zerklüftung des Myelins in kleine nebeneinander liegende Kügelchen. Viele Nervenscheiden sind mit braunkörnigem Material, welches aus zahlreichen Körnchenkugeln zusammengesetzt ist, ausgefüllt. Die Vermehrung der Kerne ist sehr bedeutend, eine Zunahme des Bindegewebes nicht nachweisbar.

Dieser Fall gehört derjenigen Klasse der spontanen Gangræn an, welche als senile bezeichnet wird. Die Veränderungen an den Gefässen sind hier das hauptsächlichste Moment. Die Thromben in der Tibialis antica und postica sind als direkte Folgen der Petrification der Media in diesen Gefässen aufzufassen. Der Thrombus in der Arteria dorsalis pedis muss durch eine Arteriitis zustande gekommen sein, denn die den beiden oben genannten Thromben völlig analoge Beschaffenheit und Zusammensetzung spricht dafür, dass er gleichzeitig mit ihnen entstanden ist, jedenfalls vor der Gangræn.

Die Neuritis ist offenbar secundär entstanden.

III. Fall von multipler Gangræn.

M., 42jährige Frau, geisteskrank. — Dissemenirte Sclerose. — Sehr grosser Decubitus am Kreuz, an den Spinæ posteriores, an den beiden Trochanteren (links über handtellergross). Unter beiden Fersen Necrosen, links die Epidermis noch erhalten, aber abgehoben und Blut darunter angesammelt, am äusseren Rande des linken Fusses ein frischer, glattrandiger, markstückgrosser, bis in's Unterhautzellgewebe reichender Defect. Oberhalb der Kniegelenke, beiderseits an der Streckseite schwarze, runde eingesunkene Stellen, die eine grösser als ein Markstück, — welche von einem weisslichen Rande umgeben werden und von einem dicken gerötheten Wall eingeschlossen werden. Das Unterhautzellgewebe ist hyperæmisch.

Die Pia ist stark injicirt, die Gefässe sind stark geschlängelt. Die Nervenwurzeln am Halstheile treten auf grünem

Untergrund, der vom Rückenmark fast in ganzer Breite gebildet wird, stark hervor. Das Halsmark auf dem Durchschnitt von gleichmässig blassröthlicher Substanz. Nur die Commissur und der peripherische Theil des rechten Hinterstranges, sowie der äussere Theil der vorderen Partie des linken Seitenstranges sind von weisser Färbung: am oberen Brusttheile sinken die medialen Theile der Hinterstränge stark ein. Rechts der lateralste Theil des Seitenstranges, ausserdem beiderseits die Vorderhörner stark einsinkend. Alle diese Stellen sind von transparentem Gewebe gebildet, in welchem ganz vereinzelte Striche auftreten. Die Vorderstränge sind im unteren Bruchtheile in der ganzen vorderen Hälfte sehr atrophisch, aber nicht entfärbt.

Mikroskopischer Befund. — Ausgedehnter Schwund des Myelins in den Nervenfasern des Rückenmarks, die Ganglienzellen an Zahl vermindert.

Die Hautnerven der beiden oberen und unteren Extremitäten in chronischer, meist in acuter Entzündung, welche so ausgedehnt war, dass es nicht gelang unter vielen von den verschiedensten Stellen entnommenen Hautnerven auch nur einen im normalen Zustande zu finden, dagegen sind die Nervenstämme ziemlich gut erhalten, nur hie und da traf ich vereinzelte degenerirte Fäserchen unter mehreren Präparaten An den gangrænösen Stellen ist an den Nervenfasern nichts als Bindegewebe zu sehen, keine Spur von Myelin.

Als hauptsächlichstes genetisches Moment wird wohl die Erkrankung des Rückenmarks zu betrachten sein, zu welcher als lokale Ursache die ausgedehnte Affection der peripheren Nerven herangezogen werden muss.

IV. Fall.

D., 82jähriger Mann. — Beginnende Gangræn. — Lokale Asphyxie. Bronchopneumonie.

Die Haut auf beiden Fussrücken und an beiden Unterschenkeln ist in grosser Ausdehnung pigmentirt, die Epidermis lässt sich in grossen schillernden Plättchen ablösen, zahlreiche Ecchymosen an beiden Unterschenkeln und Unterarmen. Das Unterhautgewebe ist besonders bis zur Dorsalseite der Füsse ganz hæmorrhagisch, dunkelroth, die blutige Infiltration reicht bis in die Cutis, andererseits bis in das Zellgewebe um die Nerven und Gefässe. Die Muskeln beider Unterschenkel sind blutig infiltrirt. Eine wenig vermehrte, leicht trübe Flüssigkeitsansammlung in beiden Pleurasäcken. Das Herz ist von mässiger Grösse, der linke Ventrikel etwas hypertrophisch, leichte Verdickung und Verkürzung der Mitralis, die Aortaklappen etwas verdickt und Kalk in denselben abgelagert. Arteriosclerose der Aorta. Kleine Fibrinpolypen in den Aortaklappen.

Lungenœdem mässigen Grades, multiple Bronchopneumonische Herde. An der Pleura visceralis stellenweise Ecchymosen. Perisplenitis chronica. Kleine Nieren mit feingranulirter Oberfläche.

Stauungsleber. Lymphgefässe der Darmschleimhaut stark dilatirt, zahlreiche kleine Chylektasien, starke Pigmentirung der Folikel des Dickdarms.

Befund. — In den Muskelnerven, sowie in den Hautnerven der Unterschenkel wurden Veränderungen constatirt, welche den im Falle II beschriebenen völlig analog waren, ausserdem traf man hier zuweilen Längsstreifungen am Axencylinder an.

Ein definitives Urtheil konnte ich mir hier nicht bilden, weil mir die Gefässe nicht zur Verfügung standen.

Das symmetrische und gleichzeitige Auftreten der Affection ist hier zu berücksichtigen, sowie die symmetrisch an sämmtlichen Extremitäten vorhandenen Ecchymosen. Diese Punkte deuten jedenfalls auf eine Betheiligung des Nervensystems. Als prädisponirendes Moment ist auch das hohe Alter des Individuums nicht ausser Acht zu lassen.

Ueber Infarcte.

An die Gangræn schliesst sich der Infarct eng an, auch hier handelt es sich um einen des Lebens beraubten Theil, die anatomischen sowie histologischen Eigenschaften sind beiden gemeinsam, auch hinsichtlich der Genese herrscht vollkommene Uebereinstimmung. Beide contrastiren auffallend durch ihre Färbung mit dem umliegenden lebendigen Gewebe. An beiden charakterisirt sich die vollendete Necrose durch die demarkirende Entzündungszone.

Die älteste Beschreibung des hämorrhagischen Infarctes in der Lunge rührt von Handfield Jones her.

Förster beschreibt den Zerfall der morphologischen Elemente in Folge von fettiger Degeneration mit Ausgang in Narbenbildung nach Resorption des Fettes.

Wedl bespricht die Einschrumpfung der Glomeruli und des Parenchyms bei einem älteren Niereninfarcte bei gleichzeitiger Pigmentirung des interstitiellen Gewebes.

Die Ansicht Rokitansky's über die Entstehungsweise der Infarcte ist folgende: Der Infarct entstehe im Beginn durch Ueberfüllung der Gefässe und einen Bluterguss, den die dunkle Stelle im Gewebe darstellt.

Dem gegenüber ist in der späteren Zeit durch die Experimente von Blessig und anderen Beobachtern festgestellt worden, dass zuerst Anæmie entsteht, an deren Stelle dann durch den Zufluss aus den Nachbararterien und Capillaren Hyperæmie und Extravasation treten.

Schon Rayer lenkte die Aufmerksamkeit auf das häufige Zusammentreffen von Infarcten in der Niere mit Herzkrankheiten, darauf constatirten Haase und Rokitansky dasselbe bei der Endocarditis.

Auf die Arterienverlegung bei den Infarcten machte aber erst Virchow aufmerksam und constatirte das gleichzeitige Vorkommen von Infarcten in der Lunge, Niere und Milz, sowie die identische Beschaffenheit der verstopfenden Emboli, wobei er sich jedoch nicht entschieden darüber aussprach, ob die Hæmorrhagie primär oder secundär durch die Gefässverstopfung zustande gekommen sei.

William Senhause Kirkes betrachtete die Gefässverstopfung als das primäre und den Infarct als das secundäre.

Die Lehre vom embolischen Infarct ist seit den klassischen Untersuchungen und zahlreichen Experimenten von Virchow und seinen Schülern fest begründet, dagegen ist die Existenz von Infarcten, die genetisch auf autochthone Thrombose, nicht auf Embolie zurückgeführt werden müssen, nur von v. Recklinghausen allein verzeichnet worden, welcher schon im Jahre 1861 in einem Falle von Zerreissung der Nierenarterie Infarcte beobachtet hat, bei welchen eine Obliteration der kleinen Gefässe vorhanden war, welche, wie er meinte, durch Thrombose zu Stande gekommen war.

Die mikroskopischen Eigenschaften des Pfropfes, seine Localisation in Hinsicht auf das infarcirte Gebiet (ob innerhalb, an der Grenze, oder etwas entfernt), der Umstand, dass im Herzen oder anderen Abschnitten des Circulationsapparates keine Quelle für die Bildung von verstopfendem Material vorhanden ist, charakterisiren die an Ort und Stelle gebildete Verstopfung hinreichend gegenüber dem von aussen hineingetragenen Embolus.

Es ist anzunehmen, dass der betreffende Pfropf als Thrombus zu betrachten ist, wenn er aus hyalinem Material besteht; freilich kann das Hyalin auch zuweilen von wo andersher zugeführt worden sein. Wenn wir jedoch sehen, dass die Gefässwandung gleichzeitig hyalin degenerirt ist, und an einzelnen Stellen das Hyalin in Form von Hohlcylindern an der Innenfläche der Gefässwandung abgelagert ist, so ist man berechtigt anzunehmen, dass das Hyalin an Ort und Stelle gebildet worden ist. Die hyalinen Thromben können aber nicht nur die Ursache des Infarctes sein, sondern auch secundär hinzutreten, letzteres ist bei embolischen hæmorrhagischen Lungeninfarcten constant der Fall.

Das Hyalin bildet sich in den kleinen Gefässtämmen und Capillaren innerhalb des Gefässgebiete, dessen zuführende Hauptarterie embolisirt wurde.

Die Ursachen für die Bildung der hyalinen Verstopfungen liegen entweder in einer hyalinen Degeneration der Gefässwandung, indem aus dem Protoplasma des Endothels die hyalinen Massen abgeschieden werden, oder in einer pathologischen Fermentbildung im Blute, oder es können auch die ausschliesslich aus weissen Blutkörperchen zusammengesetzten sogenannten weissen Thromben (von Zahn) einer hyalinen Umwandlung unterliegen.

von Recklinghausen ist der Meinung, dass das Hyalin sich in den Capillaren eines ischämischen Bezirkes ausbilden kann; wenn ein Theil eines Organes in Folge einer Embolie von der Blutzufuhr ausgeschlossen wird, so tritt zunächst eine Strömung aus den benachbarten Arterien und Capillaren ein, oft genug aber nicht unter einem hinreichenden Drucke, um sämmtliche Gefässe des ischämischen Bezirkes zu füllen. In Folge dessen bleiben einzelne Capillaren leer, während nur die günstiger gelegenen peripheren gefüllt werden. Gleichzeitig ist in anderen Capilleren die Strömung selbst bis zur Stase verlangsamt. Diese Momente mögen die Ernährung der Gefässwandung beeinflussen. In die unter solchen Bedingungen stehenden Gefässchen gelangen vereinzelte Blutsäulchen hinein, welche sich zerlegen, ihre farblosen Zellen haften lassen und so hyaline Gerinnungen bilden, als ungefärbte Cylinder zwischen den Säulen rother Blutkörperchen stecken bleibend.

Diese hyaline Thrombose der Capillaren im Infarcte sieht der Autor auch für die Ursache der eintretenden Hæmorrhagie an, indem das Blut, welches aus den Collateralgefässen zuströmt, auf sie als ein Hinderniss stösst und alsdann unter dem dadurch gesteigerten Drucke gezwungen wird, den Weg durch die Gefässwandung zu nehmen.

Die hyalinen Thromben der thrombotischen Infarcte befinden sich innerhalb des ganzen Gebietes der mortificirten Partie selbst, während bei embolischen Infarcten der Embolus meistens an der Grenze des necrotischen Bezirkes, zuweilen sogar in einiger Entfernung von demselben aufgefunden wird. Dieser Umstand legt die Erwägung nahe, dass die hyaline Verstopfung sich ausbreitet, aus den engeren Gefässen zu den weiteren fortschreitet. Im Gegensatz hierzu muss gewöhnlich der mit dem Blutstrom fortgeführte Embolus dort stecken bleiben, wo der Querschnitt der Gefässe zu eng wird, um ein weiteres Vordrängen desselben zu gestatten; er wächst also von den weiteren Gefässstämmchen aus.

Die Entstehung der hyalinen Thromben kann man sich auch in einer anderen Weise denken. Ein Gefässbezirk geräth in spastische Contraction, die Blutbewegung wird unregelmässiger oder steht ganz still, während dieser, wenn auch nur relativ kurzen Zeit, kleben die weissen Blutkörperchen an einander, sie können auch nach dem Nachlasse des Spasmus an der Wand kleben bleiben, wie dies in ähnlicher Weise an den Herzklappen oder Herzaneurysmen zuweilen geschieht, wo die Bedingungen für Unregelmässigkeiten in der Blutbewegung ebenfalls existiren und den klebrigen Blutelementen Gelegenheit geboten ist, sich anzuhäufen und haften zu bleiben.

Zahn konnte am Mesenterium des Frosches nach Verletzung eines Gefässtämmchens oder einer Reizung mit Aether, Ammoniak, etc. die Bildung eines Thrombus aus weissen Blutkörperchen beobachten. Ich machte diesen Versuch nach mit einer Modification, ich überschüttete das Mesenterium flüchtig mit Aether, und es gelang zwei mal anstatt der weissen Thromben farblose, durchsichtige, homogene hyaline Massen, die vollkommen das Gefässtämmchen erfüllten, zu bekommen. Es gelingt dies selten, weil bei etwas stärkerer Einwirkung des Aethers der Blutfarbstoff gelöst und das Blut lackfarben wird.

Ich sah in zwei Fällen von multiplen Niereninfarcten mit hyalinen Thrombosen in den Glomeruli und Arteriolæ rectæ mehre blasse Herde, die äusserlich wie junge Infarcte erschienen, bei denen sich die Demarcationszone noch nicht gebildet hat, mikroskopisch konnte man constatiren, dass es parenchymatöse Entzündungsherde waren, in welchen an vereinzelten Stellen hyaline Thrombosen der Glomeruli sich vorfanden.

Es machte mir deshalb den Eindruck, als ob die obenerwähnten vollendeten Infarcte aus solchen entzündlichen Herden entstehen könnten. Hiernach würden sich aus partieller Entzündung hyaline Thrombosen bilden können und dadurch der Infarct.

Ausser den hyalinen sind noch körnige Thromben anzutreffen.

Es ist noch zu erwähnen, dass gelegentlich auch durch blosse Thrombose der kleinen Venen (Fall XXVI), vorausgesetzt dass viele derselben befallen sind, ebenfalls Infarcte erzeugt werden können; diese Infarcte, obwohl sie scharf von der Umgebung abgegrenzt sind, zeichnen sich jedoch dadurch aus, dass sie nicht keilförmig sind, sondern eine mehr ovale, oder rundliche, auch unregelmässige Gestalt haben.

Das anatomische Aussehen des Infarctes ist charakteristisch und lässt sich selbst makroskopisch nicht leicht mit etwas anderem verwechseln, indess muss man zugeben, dass der

Lungeninfarct, besonders wenn seine Form nicht keilförmig ist und die demarkirende Entzündung fehlt, für einen pneumonischen Herd gehalten werden kann; auch können blasse Infarcte der Niere partiellen nephritischen Herden ähnlich sehen.

Makroskopisch unterscheidet man rothe und weisse Infarcte, erstere sind meistens in der Lunge anzutreffen, dann in der Milz, letztere oft in der Milz und vorzugsweise in der Niere.

Mikroskopisch sehen wir folgendes: Die Zellen sind nicht deutlich contourirt und die Kerne nicht sichtbar; v. Recklinghausen fand, dass die Kerne durch Essigsäure, Weigert, dass sie auch durch Färbung nicht sichtbar gemacht werden können; dass sie verschwunden sind, scheint letzterem nicht wahrscheinlich, er nimmt vielmehr an, sie seien durch das geronnene Protoplasma nur verdeckt.

Diese geronnenen Zellen glänzen oft. Die Durchsichtigkeit ist im allgemeinen vermindert, kleine Fettpartikelchen sind in grosser Menge im Herd abgelagert; fast ausschliesslich aus Fett besteht die Grenzzone des Infarctes, einwärts von dieser Zone finden sich neben den kleinen Fettkügelchen grössere oder geringere Massen von zerfallenen Zellen.

Zuweilen trifft man auch da grössere kugelige Ballen, oder balkenförmig angeordnete Massen, die sich durch ihren Glanz und ihre Widerstandsfähigkeit gegen chemische Agentien auszeichnen; es ist dies hyalines Material, welches wahrscheinlich (v. Recklinghausen) aus dem abgestorbenen Protoplasma der Zellen herstammt. Die Mehrzahl der längere Zeit bestehenden Infarcte zeigt hellgelbes und rothbraunes Pigment, welches (Fall von Recklinghausen, Virchow's Archiv XX) schon nach einigen Tagen sich vorfinden kann, oder Hæmatoidinkrystalle. An den peripherischen Partien des Infarctes, wo die Hæmorrhagie offenbar am stärksten ist, findet sich auch das meiste Pigment. Ausserdem findet man noch unveränderte Blutkörperchen in grosser Zahl.

Dass der Infarct eben ein necrotischer Herd ist, wird noch durch die ihn umgebende Zone reactiver Entzündung bewiesen, in dieser Zone ist Hæmoglobin in Lösung enthalten und die Gefässe sind strotzend mit Blutkörperchen gefüllt.

Zwischen dieser Zone und dem eigentlichen Infarcte ist noch die, gewöhnlich etwas breitere, aus lauter kleinen Fettkügelchen bestehende Zone zu bemerken. Diese Fettzone, wie die hæmorrahgische Zone können auch der Aussenfläche resp. der Kapsel des betreffenden Organs parallel laufend den Infarct an seiner Basis ebenfalls abgrenzen, so zwar, dass zwischen dem Infarct und der Kapsel der Niere, beziehungsweise der Milz, noch eine schmale Schicht lebendigen Gewebes liegt. Man hat zuweilen auch Gelegenheit, selbst zur Zeit wo der Infarct noch relativ jung ist, nach aussen von der Zone der reactiven Entzündung eine Entwickelung von Bindegewebe mit begleitenden neugebildeten Gefässen zu beobachten.

Die Blutung ist bei den Lungen und Niereninfarcten verschieden, in den ersteren sind die Alveolen voll von Blutkörperchen und die Capillaren der Alveolenwandung mit Hyalin ausgefüllt, bei den letzteren dagegen sind die Harncanälchen meistens blutleer, während die Blutgefässcapillaren und Glomeruli von Blut strotzend, zuweilen aber auch leer und zusammengefallen sind; letzteres ist überhaupt an den centralen, von der Hæmorrhagie gewöhnlich minder betroffenen Stellen häufiger. Bei der Lunge enthalten dem analog die Gefässe im Centrum des Herdes gar kein, oder partiell nur Hyalin, während sich in den peripheren Partien ein prachtvolles Netz von mit Hyalin ausgefüllten anscheinend verbreiterten Capillaren dem Auge darbietet. (Figur 2.)

Fall I. — Niereninfarcte.

Herz normal. Thrombose der Aorta. Thrombosen der Nierenarterien.

Befund: Partielle amyloide Entartung der Glomeruli, schollige hyaline Verstopfung der zuführenden Arterie. Hyaline partielle Degeneration der Glomeruli. Pigment in einzelnen Harncanälchen.

Fall II. — Hæm. Lungeninfarct.

Herz: Dilatation und Hypertrophie rechts. Aorta atheromatös und zu einem cylindrischen Aneurysma dilatirt. Lungenembolie. Etwas Stauungsatrophie der Leber. Cysten an dem Plexus chorioideus.

Befund: Emboli in den Lungenarterien und Hyalin in den perialveolären Capillaren. Alveoli bluthaltig, viel Pigment. Die Emboli bestehen aus hyalinem und feinkörnigem Fibrin.

Fall III. — Hæmorrhagischer Lungeninfarct.

Dilatation und Hypertrophie des Herzens. Acute und chronische Endoarteriitis Aortæ. Thrombus an der Spitze des rechten Ventrikels und in der rechten Aurikel.

Befund: Gewöhnlicher Embolus. Hyaline Thrombose der Capillaren.

Fall IV. — Mehrere Niereninfarcte.

Dilatation und Hypertrophie des Herzens. Thrombus in der Spitze des rechten Herzens. Thrombus in einer Lungenarterie.

Befund: Glomeruli, Arteriolæ rectæ und Capillaren strotzend mit Blutkörperchen gefüllt, weniger Blut in den peripher im Infarct befindlichen Harncanälchen. Die Venen dilatirt. Die zuführende Arterie durch einen Embolus verlegt.

Fall V. — Lungengangræn.

Amputatio Femoris. Embolie der Arteria pulmonalis.

Befund: Der Embolus besteht im Centrum aus feinkörnigem Fibrin und weissen Blutkörperchen, an der Peripherie aus concentrischen Ringen hyalinen Fibrins, zwischen welchen wieder feinkörniges Fibrin und weisse Blutkörperchen sich befinden.

Fall VI. — Milz- und Niereninfarcte.

Gelenkrheumatismus. Endocarditis.

Befund: In den Gefässen der Nieren und Milz Emboli mit Micrococcen. Zahlreiche Micrococcen in den Infarcten der Milz.

Fall VII. — Lungeninfarct.

Embolus der zuführenden Arterie.

Befund: Alveolen bluthaltig. Hyalin im Capillarnetz.

Fall VIII. — Niereninfarcte.

Herz: Hochgradige Stenose der Mitralis. Dilatation des rechten Herzohres. Dilatation und Hypertrophie des linken Herzens. Embolus in einer Lungenarterie. Ausbleiben des Infarctes.

Befund: Infarcte aus narbigem Bindegewebe mit amorphem Pigment.

Fall IX. — Milzinfarct von strohgelber Farbe.

Leukæmie.

Herz, Papillarmuskeln und Trabekeln hypertrophisch. Etwas fibröse Myocarditis an den hinteren Papillarmuskeln des linken Ventrikels, sonst das Myocardium normal. Durchmesser der Aorta am Ende des Aortenbogens 20 mm. Aortenklappen: rechte stark verkürzt, hintere perforirt, vordere stark fetzig. Am Austritt der Arteria coronaria dextra befindet sich ein

Aneurysma. Eine hahnenkammförmige Excrescenz am vorderen Mitralsegel, ein durchsichtiges Gerinsel an den ventricularen Seite des Klappensegels. Die oben erwähnten Aortenklappen zeigen an der ventriculären Fläche mehrere durchscheinende Gerinselmassen. Vollkommen dünnflüssiges Blut im Herzen und in den Gefässen, ganz kleine Flöckchen in geringer Zahl im Herzen. Milz stark vergrössert, 1015 grm. Schrumpfniere, cyanotische Induration der Leber.

Befund: $^2/_3$ der Blutsäule werden von Serum gebildet. Zunahme der weissen Blutkörperchen an Zahl und Grösse, letztere enthalten mehrere Kerne. Die weissen Blutkörperchen sind in Haufen nebeneinander angehäuft, die rothen im Gesichtsfeld zerstreut zum Theil in Geldrollenform angeordnet, in den dazwischen liegenden freien Räumen auffallend grosse Mengen von theils feineren, theils grösseren etwas spärlicheren Körnchen. Die zuführende Arterie des Infarctes ist mit körnigem Material verstopft. Die erwähnten Gerinnsel und Excrescenzen an den Klappen stellen sich unter Mikroskop als schollenförmiges Hyalin dar. Das Hyalin ist theilweise ganz homogen, theils mit dazwischen liegendem feinkörnigem Material versetzt; nichts von Fibrinfädchen.

Fall X. — Mehrere blasse, mörtelartige Infarcte in den beiden Nieren, ein hæmorrhagischer Infarct in der Lunge.

M., 17jähriges Mädchen.

Herz: Hypertrophie des rechten Vorhofs, geringe Hypertrophie des linken Ventrikels, Endocarditis und Endoaortitis, hochgradige Stenose der Tricuspidalis und Mitralis, im rechten Herzohr Thromben, im linken Vorhof ein freier Thrombus von Wallnussgrösse, von kugeliger glatter Oberfläche und von deutlich geschichteter, zwiebelartiger Beschaffenheit. Die ganze Aorta ist sehr eng bis zur Theilungstelle in die Iliacæ. Im Gehirn braune Erweichungsstelle dreimarkstückgross.

Befund: Hyaline Thromben in sämmtlichen Glomeruli und Arteriolæ rectæ in der ganzen Ausdehnung der Infarcte. Diese Thromben stellen einen vollkommenen Ausguss der Gefässlumina dar. An den Arteriolæ rectæ füllt an einzelnen seltenen Stellen das Hyalin das Lumen nicht vollkommen aus, sondern kleidet nur in Form von dicken Hohlcylindern die Innenfläche der Wandung aus. Die Gefässwandungen selbst sind hyalin degenerirt.

Die Gefässverstopfung der Lunge ist embolischer Natur; die Capillaren sind hyalinhaltig. Um den Infarct herum Bindegewebsbildung mit neugebildeten Gefässen.

Fall XI. — Niereninfarcte.

Herz: Hypertrophie und Dilatation des rechten Ventrikels. Aorta und Pulmonalis sind etwas eng, geringe Sclerosen. In der Herzspitze Thromben.

Befund: Embolie der zuführenden Gefässe, Verdickung des perivasculären Gewebes.

Fall XII. — Hæmorrhagische Lungeninfarcte.

Ein Melancholiker, der nicht in's Bett zu bringen war und die meiste Zeit stehend zubrachte.

Herz : Stenose der Mitralis und Tricuspidalis. Fehlen der Vena cava superior. Dilatation der Unterschenkelvenen, Thromben darin von der Vena poplitea bis zur Vena cruralis. Pneumonie um die Infarcte.

Befund: Embolus in der zuführenden Arterie. Hyalin in den Capillaren.

Fall XIII. — Frischer hæmorrhagischer Lungeninfarct; mehrere metastatische keilförmige Herde. Milzinfarct.

Knabe von 17 Jahren. Pyæmie nach einer Nierenexstirpation. Circumscripte Arteriitis in den Lungengefässen durch die Verstopfung. Phlebitis der Vena jugularis.

Befund: Zahlreiche Micrococcen in den Emboli der Lunge und der Milz, in der letzteren auch im Gewebe des Infarctes.

Fall XIV. — Niereninfarct. Ausbleiben des Lungeninfarctes.

Mann, 58 Jahre alt. Phthisis pulmorum.

Dilatation und Hypertrophie des rechten Ventrikels, cylindrisches Aneurysma der Aorta ascendens; viele atheromatöse Stellen an der Aortenwandung, besonders an der Wandung des Aneurysmas, ebendaselbst ein wallnussgrosser organisirter Thrombus. Verstopfungen in den Lungenarterien.

Befund: In der Niere ordinärer Embolus, etwas weite sclerotische Gefässe.

Fall XV. — Blasser Niereninfarct.

Herz: Rechts leichte Dilatation und Hypertrophie, im linken Herzen Verwachsung zweier Aortenklappen, starke Thrombusbildung.

Befund: Ordinärer Embolus an der Spitze des Infarctes, die Glomeruli und Arteriolæ rectæ im Infarcte leer, kein Pigment, etwas körniges Fett in den Epithelien.

Fall XVI. — Kleine Niereninfarcte.

Frau von 38 Jahren.

Herz klein, Herzfleisch braun, vena femoralis ungemein eng, in der Mitte des Oberschenkels unter dem Ligamentum Poupartii vollständige Obliteration durch braunröthliches Bindegewebe, starke Hyperæmie in den oberen Theilen der Nieren, wo sich die keilförmigen Herde befinden.

Befund: Feinkörniger Embolus, etwas weite Gefässe.

Fall XVII. — Kleiner Lungeninfarct.

Resectio coxæ. Pyæmie.

Befund: Embolus mit Micrococcen.

Fall XVIII. — Rother Milzinfarct.

L., 47 Jahre alt.

Braunes Myocardium. Dilatation des rechten Herzens; nichts an den Klappen. Catarrhalische Pneunomie. Atrophische Milz, hochgradige Atheromatose der fast impermeablen Milzarterie.

Befund: Sclerose der kleinen Gefässchen; Hyalin wandständig in den grösseren Stämmchen; hyaline Thrombose der Folicularарterien, viel grobkerniges, amorphes Pigment.

Fall XIX. — Blasser Milzinfarct.

Geisteskranker.

Herz angestochen, sonst normal. Mehrere tiefere Stichwunden in der Lunge. Hæmorrhagische Pleuritis.

Befund: Verstopfung der grösseren Gefässtämmchen mit einer glänzenden klumpigen Masse (Hyalin?).

Fall XX. — Blasser Milzinfarct.

Herz normal, Carcinoma Uteri. Peritonitis. Thrombose der Vena lienalis.

Befund: Hyalin in den venösen Capillaren. Die Folicularаrterien leer.

Fall XXI. — Hæmorrhagischer Lungeninfarct.

Herz normal.

Befund: Embolus in der zuführenden Arterie. Ausfüllung des Capillarnetzes mit Hyalin; einzelne Alveolen enthalten Hyalin diffus.

Fall XXII. — Einzelne blasse Niereninfarcte.

Hæmorrhagische Milzinfarcte. Plethora universalis. Hypertrophie des rechten Ventrikels. Keine Gerinnungen.

Befund: Schollige hyaline Thrombosen der Arteriolæ und homogene in den Glomeruli, fein- und grobkörniges Pigment,

Fett in den Epithelien der Harncanälchen, einzelne makroskopisch weisse entzündliche Herde, in deren Glomeruli sich Hyalin befindet. Der Milzinfarct vollkommen necrotisch zerfallen, einzelne glänzende Kugeln darin. Die zuführenden Gefässe sind frei.

Fall XXIII. — Markkegelinfarcte in einer Niere.

Blasser Milzinfarct.

Herz etwas klein.

Befund: Embolie der arkadenförmigen Arterien. Embolie der Milz.

Fall. XXIV. — Hæmorrhagischer Lungeninfarct.

Herz: Fettige Degeneration des Myocards.

Befund: Central vollkommene Necrose, peripherische Hæmorrhagie. Hyaline Verstopfung der Capillaren in den hæmorrhagischen Partien.

Fall XXV. — Gelber Milzinfarct.

Ausbleiben des Lungeninfarctes.

Herz: Myocarditis fibrosa chronica. Partielles Herzaneurysma mit einem kirschkerngrossen Thrombus darin. Milzhyperplasie. Thrombose der Vena saphena. Lungenembolie. Blut flüssig.

Befund: Der Thrombus im Herzen besteht aus rein hyaliner Masse. Das Blut enthält viele Körnchen. Der Infarct besteht aus Bindegewebe mit neugebildeten Gefässen und amorphem Pigment.

Fall XXVI. — 24jähriger Mann.

Speckhäutiges Gerinnsel im Sinus longitudinalis. Links hinten an der Innenfläche der Dura ein haselnussgrosser Tumor, höckerige Oberfläche gelbbrauner Farbe, etwas transparent, auf dem Durchschnitt lässt sich etwas schleimige Flüssigkeit ausdrücken. Drei Knoten am linken Hinterlappen, der vorderste von Apfelgrösse bildet die Decke des Hinterhorns des Seitenventrikels und rechts nach oben bis an die Pia. Hirnwindungen sehr platt gedrückt, besonders links, die beiden anderen Tumoren von etwa wallnussgrösse. Auf dem Durchschnitte schon cystische Degeneration, schleimige Massen füllen die Cyste aus. An der Vorderfläche des Magens eine über markstückgrosse rundliche Stelle, die Ränder fühlen sich verdickt an. Etwa 4 cm oberhalb der Cardia ist der Oesophagus leicht stenosirt durch sarcomatöse Lymphdrüsen. — Rechter Ventrikel etwas vergrössert. Im linken Vorhof imponiren zwei grosse wurstförmige dicke Polypen, welche aus einer median einmündenden Lungenvene herauskommen und frei im Vorhof flottiren, sie haben grosse Aehnlichkeit mit den bisher beschriebenen Tumoren. Im rechten Herzen speckhäutige Gerinsel und Cruor. Grosse sarcomatöse Lymphdrüsenpaquete an der Bifurcationsstelle der Trachea mauern Trachea, Aorta und Speiseröhre ein. An der Trachea sieht man Tumormasse schon durchschimmern, doch ist ein Durchbruch noch nicht erfolgt. An der Pleura der rechten Lunge imponirt ein Convolut von fast federkieldicken weissen Strängen (mit Sarcommasse ausgefüllte Lymphgefässe), ferner sind an der Oberfläche Herde. Auf dem Durchschnitt der Lunge zeigen sich im Parenchym eingesprengt noch eine ganze Anzahl Sarcomknoten. In der rechten Lunge drei unregelmässig gestaltete hæmorrhagische Infarcte von 2—4 cm Durchmesser. In der Arterie, welche auf einen Herd führt, steckt ein festhaftendes Gerinsel ganz vom Habitus der Tumormassen.

Milz normal. Nierenvenen von Tumormasse in grosser Ausdehnung ausgefüllt. Linke Niere gross, sehr dick. Der ganze Hilus fast ausgefüllt von Tumormassen, solche durchsetzt auch das ganze Parenchym bis zur Nierenoberfläche, so dass mindestens ebensoviel Tumorgewebe wie normales vorhanden ist. Rechte Niere normal. In der Leber 5 Knoten von Wallnussgrösse, das umgebende Lebergewebe ist bräunlich. Rechte Vena cruralis enthält aus kleinen Venen in letztere hineinragende und conisch sich verdickende Tumormassen, die frei flottiren. Rechtes Bein bildet einen alten Amputationsstumpf.

Befund: Hyaline Thrombose der kleinen Lungen v e n e n, die Capillarnetze ebenfalls voll von Hyalin; die Arterien leer; die Alveolen voll von Blut.

Literatur.

1. Werke von Hippokrates nach der Uebersetzung von Littré.
2. Quesnay. Traité de la gangrène. Paris 1749.
3. Vétillard. Mémoire sur une espèce de poison, etc. Paris 1770.
4. Fabricius Hildanus. De gangræna et sphacelo. 1593.
5. Denis Fournier. Traité de la gangrène et particulièrement de celle qui survient en la peste. 1670.
6. Pott. Chirurg. Works. London 1779.
7. Van Swieten. Comment. aphor., t. I, II.
8. Morgagni. De sedibus et causis morborum.
9. Latham. Facts and opinions concerning diabetes. London 1811.
10. Himly. Abhandlung über den Brand der weichen und harten Theile. Göttingen 1800.
11. Isnard. Thèse de Paris 1818.
12. Baron. Sur une affection gangréneuse de la bouche particulière aux enfants. 1816.
13. Hébréard. Mémoire sur la gangrène etc. Mémoires de la Soc. de médecine 1817.
14. Avisard. Obs. sur les gangrènes spontanées ou par ossification et oblitération des artères. Biblioth. méd. 1819 t. LXIV.
15. Allibert. Recherches sur une occlusion peu connue des vaisseaux artériels, considérée comme cause de gangrène. Thèse de Paris 1828.
16. Courhaut. Traité de l'ergot. 1827.
17. Legroux. Concrétions sanguines polypiformes développées pendant la vie. Thèse de Paris 1827. Gazette hebdomadaire 1856-57.
18. Delpech et Dubreuil. Mémorial des hôpitaux du Midi. Paris 1828.
19. Richter. Der Wasserkrebs der Kinder. Berlin 1828.
20. Lænnec. Traité de l'auscultation médiate.
21. Victor François. Essai sur les gangrènes spontanées 1832.
22. Bouillaud. Traité pratique etc. du choléra-morbus de Paris. 1832.
23. Gendrin. Monographie du choléra. 1832.
24. Guislain. Mémoire sur la gangrène des aliénés. Gaz. méd. 1836.
25. Foville. Dictionn. de médecine et de chirurgie pratiques, t. I.
26. Goolin. Réflexions sur l'œdème considéré comme symptôme dans la gangrène spontanée. Archives gén. de méd. 1836.
27. Hardy. Recherches sur les concrétions sanguines formées pendant la vie dans le cœur et les gros vaisseaux. Thèse d'agrégation 1838.
28. Cruveilhier. Anat. pathol. t. II. 1852.
29. Dupuytren. Leç. orales t. IV.
30. Briquet. De la gangrène des extrémités bronchiques. Archives gén. de médecine 1841, t. XI.

31. Barthez et Rilliet. Traité des maladies des enfants. 1843.
32. Virchow. Brandmetastasen von der Lunge auf das Gehirn, Bd. V; Handbuch der speziellen Pathologie und Therapie, Bd. I. — Necrose und Brand.
33. Marchal de Calvi. Bull. de l'Acad. de méd. 1853. Recherches sur les accidents diabétiques. 1864.
34. Kussmaul. Ueber die Ertödtung der Gliedmassen durch Einspritzung von Chloroform in die Schlagadern. Virchow's Archiv Bd. XIII.
35. Maurice Raynaud. De l'asphyxie locale des extrémités. Thèse de Paris 1842.
36. Charcot. Gangrène du pied et de la jambe gauche. Gaz. méd. 1856.
37. Graber. Gangrän der Extremitäten nach Typhus. Breslau 1869.
38. Estländer. Brand in den unteren Extremitäten bei dem exanthematischen Typhus. Langenbeck's Archiv Bd. XII. Berlin 1870.
39. Samuel. Die trophischen Nerven. Leipzig 1860.
40. Grasset. Montpellier médical 1878.
41. Motz. De la gangrène dans les fièvres intermittentes. 1879. Gaz. des hôpit.
42. Petit et Verneuil. Revue de chirurgie 1883.
43. Demme. Ueber die Veränderungen der Gewebe durch Brand. 1857.
44. Tripier. Sur une nouvelle cause de gangrène spontanée avec oblitération des artérioles capillaires.
45. Trousseau. Clinique médicale t. II.
46. v. Recklinghausen. Deutsche Chirurgie II u. III. Allgem. Pathologie des Kreislaufs und der Ernährung. 1883. — Virchow's Archiv XX u. XXX.
47. Virchow. Gesammelte Abhandlung zur wissenschaftlichen Medicin. 1856.
48. Weigert. Virchow's Archiv Bd. 70.
49. Handfield Jones. Transact of the pathol. society of London. I.
50. Förster. Specielle pathol. Anatomie. 1863.
51. Wede. Grundzüge der pathologischen Histologie. 1854.
52. Rokitansky. Lehrbuch der pathologischen Anatomie.
53. Blessig. Virchow's Archiv Bd. XVI.
54. Beckmann. Virchow's Archiv Bd. XII, XX.
55. Zahn. Virchow's Archiv. 81.
56. Cohnheim. Allgemeine Pathologie.
57. Litten. Zeitschrift für klinische Medicin. 1879 Bd. I.
58. Lefeuvre. Etudes physiologiques et pathologiques sur les infarctus viscéraux. 1867.
59. Kossuschin. Virchow's Archiv. 1876 t. 67.

Erklärung der Abbildungen.

Fig. 1. — Degenirte Nervenfasern, a, b, c mit Kernwucherung. Hartnack. Oc. 3, Obj. 8.

Fig. 2. — Schnitt von einem hæmorrhagischen embolischen Infarct der Lunge. a. bluthaltige Alveolen, b. hyaline Thrombose der Capillaren. Vergr. H. Oc. 3, Obj. 5.

Fig. 3. — Eine Vene aus einem thrombotischen Lungeninfact, innen von einem hyalinen Hohlcylinder austapeziert. (Fall XXVI.) Vergr. H. Oc. 3, Obj. 5.

Fig. 4. — Schnitt von einem thrombotischen Infarct. a. fettig degen. Zellen, b. hyaline Thrombose der Glomeruli, c. leere Stellen in Folge des Herausfallens der Glomeruli bei der Manipulation, d. hyaline Thrombose der Arteriolæ. Das normale Gewebe zum Vergleich daneben gezeichnet. Vergr. H. Oc. 3, Obj. 2.

Strassburg, Universitäts-Buchdruckerei von J. H. Ed. Heitz.

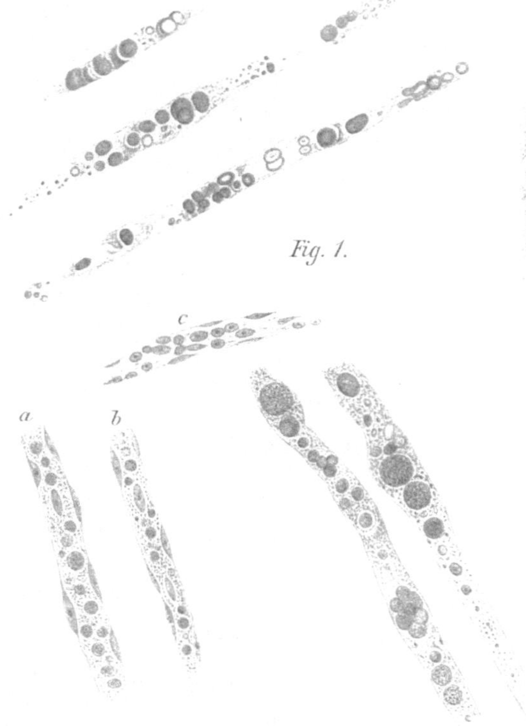

Fig. 1.

Fig. 2.
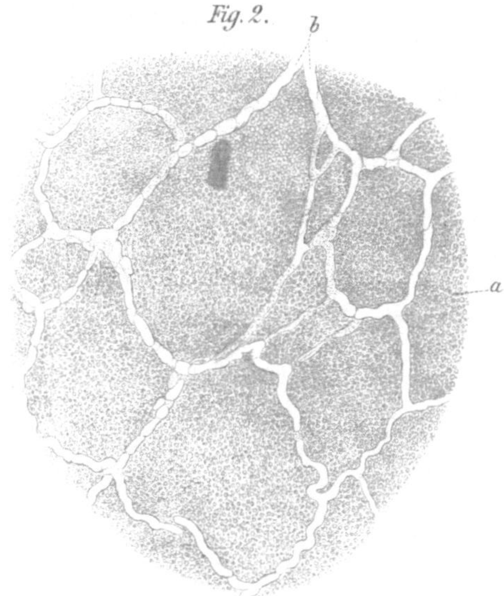

Fig. 3.

Fig. 4.
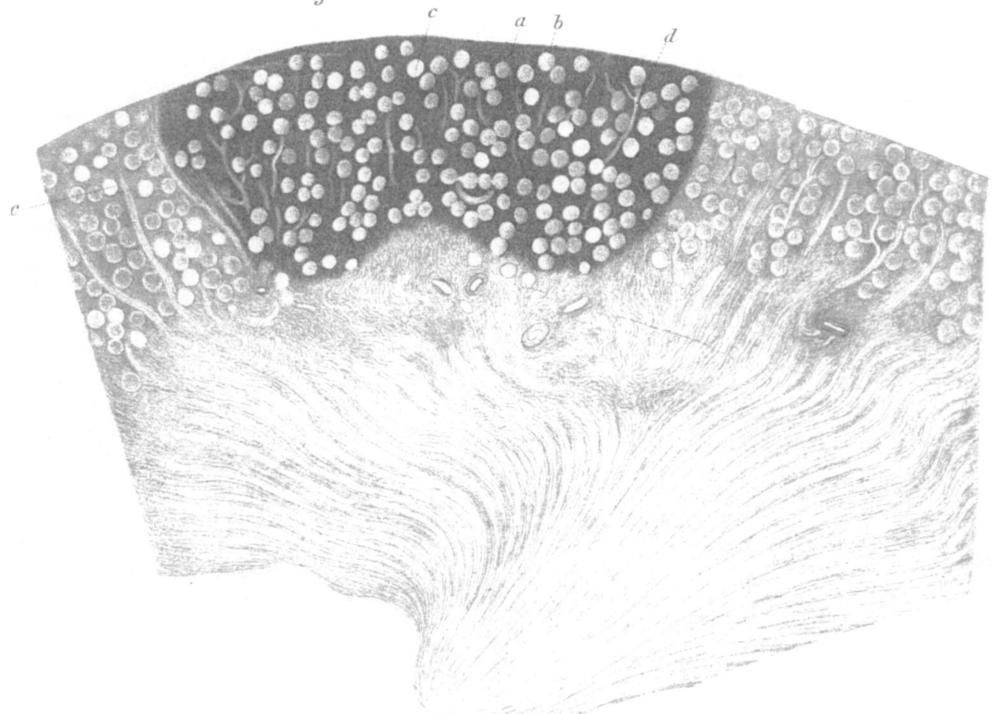

Wittmaack & Karmanski. Lith. Anst. v. J. G. Bach, Leipzig

FSC
www.fsc.org
MIX
Papier | Fördert gute Waldnutzung
FSC® C083411

Zeitfracht Medien GmbH
Ferdinand-Jühlke-Straße 7
99095 Erfurt, Deutschland
produktsicherheit@kolibri360.de